Lieferung 5 Preis 1 Mark
Gesamtpreis des Werkes gebunden 25 Mark

DIE ZEICHENKUNST

METHODISCHE DARSTELLUNG DES GESAMTEN ZEICHENWESENS

UNTER MITWIRKUNG
VON
A. ANDĚL, LUDWIG HANS FISCHER, M. FÜRST, O. HUPP, A. KULL, KONRAD LANGE, A. MICHOLITSCH, ADOLF MÖLLER, PAUL NAUMANN, F. REISS, A. v. SAINT-GEORGE, KARL STATSMANN, R. TRUNK, J. VONDERLINN UND HERMANN WIRTH

HERAUSGEGEBEN
VON
KARL KIMMICH

ZWEITE
VERBESSERTE UND VERMEHRTE AUFLAGE

MIT 1157 ABBILDUNGEN IM TEXT
UND 60 TAFELN IN FARBEN- UND LICHTDRUCK

23 LIEFERUNGEN à 1 MARK UND 2 EINBANDDECKEN à 1 MARK
KOMPLETT IN 2 ORIGINALLEINENBÄNDEN 25 MARK

LEIPZIG
G. J. GÖSCHEN'SCHE VERLAGSHANDLUNG

Einzelne Lieferungen werden nicht abgegeben
Die Abnahme von Lieferung 1 verpflichtet zum Bezug des ganzen Werkes

Pflaster-Muster.

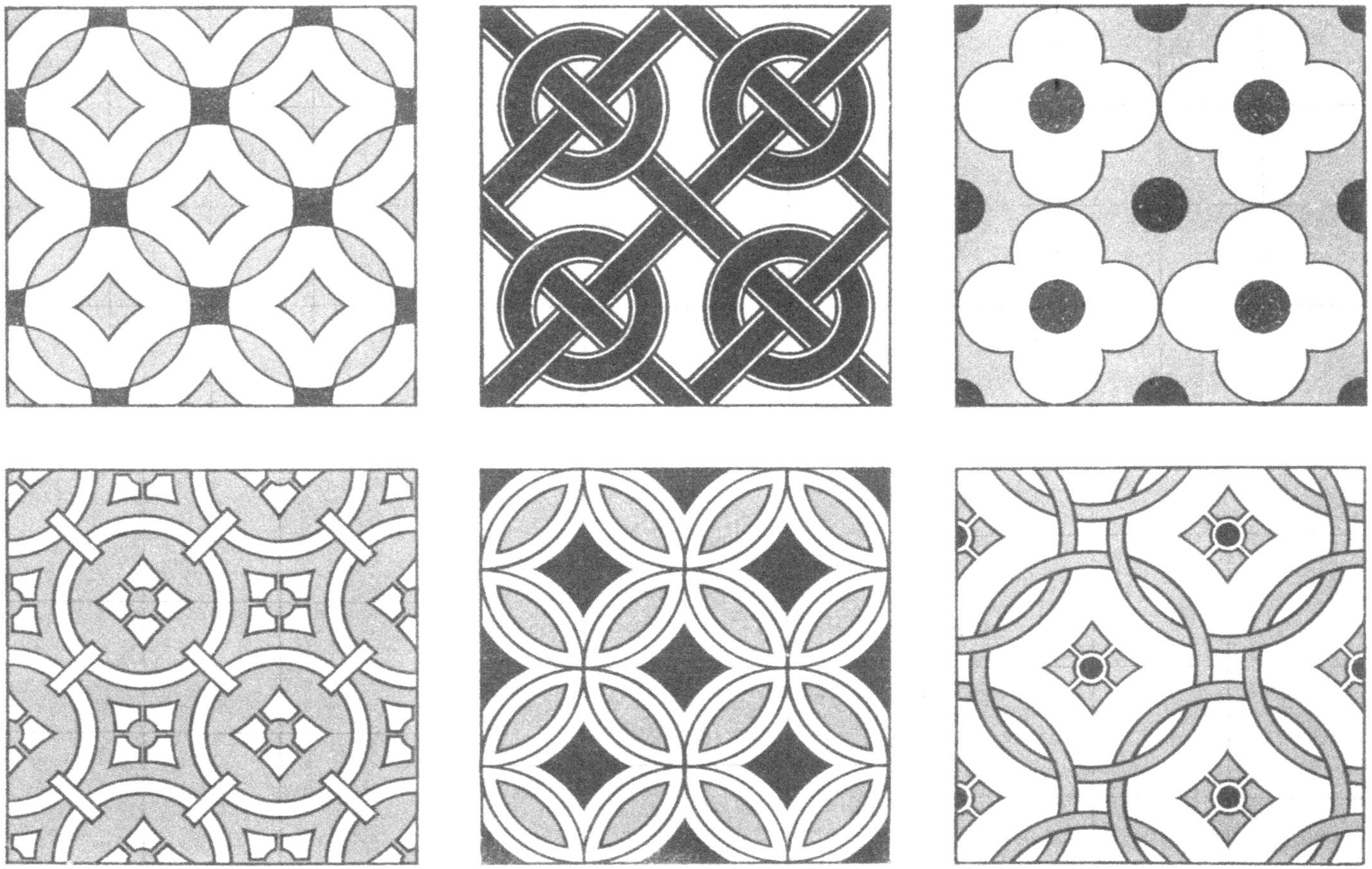

Tafel 26.

a. Mäander. b. Maurisches Ornament. c. Persisches Ornament.

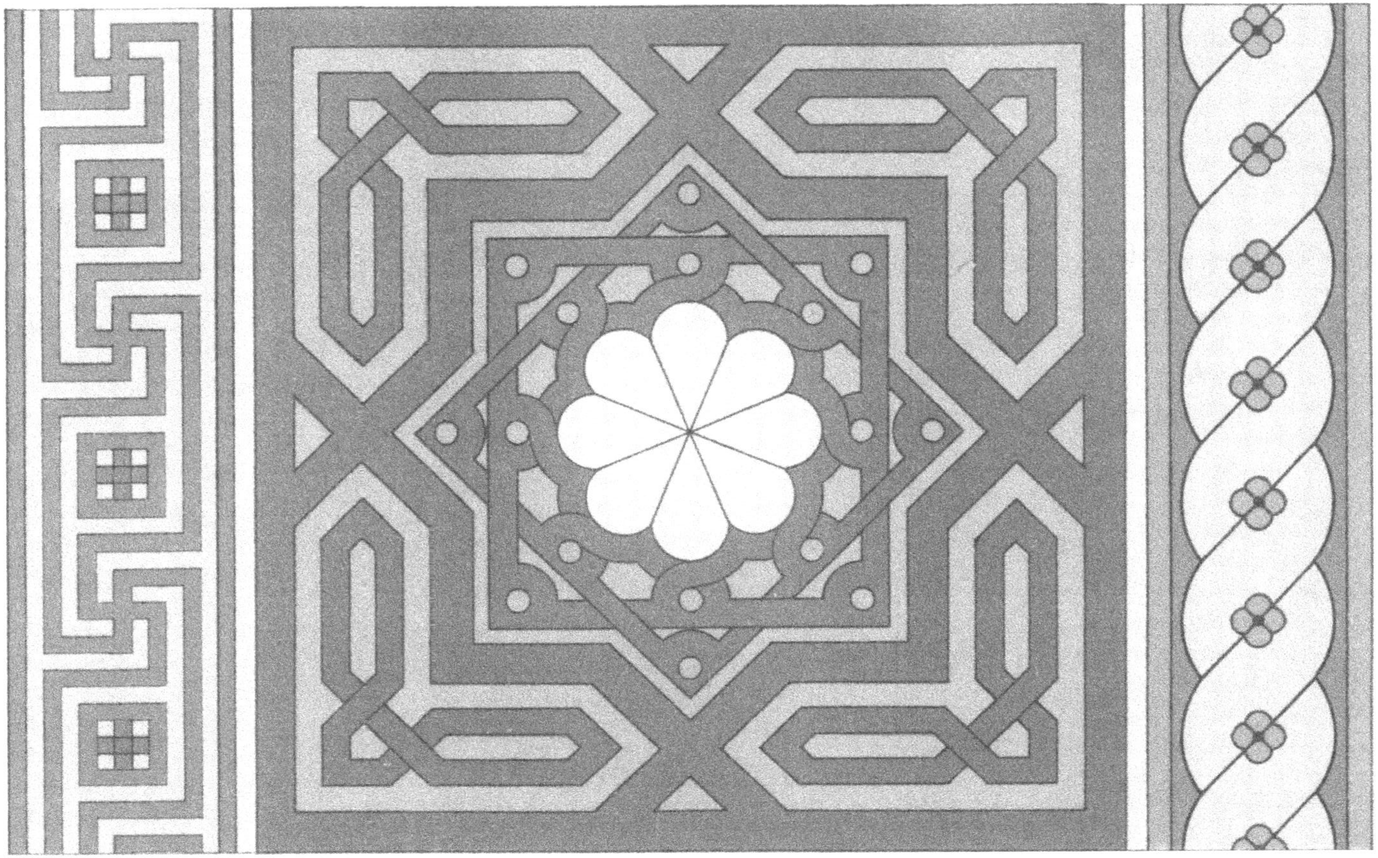

schwinden" der parallelen Linien in einem Punkte des Horizontes veranschaulichen?

Wer wüßte nicht auch aus Erfahrung, daß eine Person, ein Tier, oder was es immer sei, in der Ferne noch als Punkt erscheint und erst bei der Annäherung an Größe und Deutlichkeit zunimmt. Körper, Flächen, Linien, alles weist die Tatsache der Verkürzung durch die Entfernung von unserem Auge auf.

Die andere Möglichkeit der Verkürzung ist die durch Drehung eines Gegenstandes, einer Fläche, Linie (bzw. Stellungsänderung des Beschauers) gegebene.

Man überzeuge sich davon, daß man durch Drehung einen Stab (Bleistift), ein Brett (oder Buchdeckel usw.), die man in wahrer Größe vor sich hielt, immer mehr so herumlegen kann, daß schließlich nur noch der Querschnitt (die Stärke, Durchmesser) sichtbar bleibt. Man drehe auch einmal einen Kasten (Buch) derart, daß seine Vorderseite (Front) oder Oberfläche, die wir uns zugewandt hielten, immer mehr verschwindet, sich verkürzt und statt dessen eine Seitenfläche mehr und mehr in die Sichtbarkeit rückt. Dabei lernen wir die Begriffe der „Frontalstellung" und „Übereckstellung" kennen.

Zur Ausmessung der Verkürzungen dient das Visieren.

Das Visieren ist ein praktisches Mittel, die Größenverhältnisse (nicht absolute Maße) verschiedener Strecken, Längen, Breiten, Höhen von Dingen auszumessen. Es wird am besten, wie die Zeichnung erläutert, mit einem Bleistift, dünnen Stab (Stricknadel), Pinselstiel ausgeführt. Wichtig ist dabei, daß man den Visierstab bei gleichmäßig ausgestrecktem Arme nur in einer — zu unserer Blickrichtung senkrechten — Ebene, nicht nach vorn oder hinten herausweichend, drehen darf. Dies beachtend, greift man die zu messende Strecke auf dem Visierstab mit dem Daumen ab, hält dieses Stück zum Vergleich mit einer anderen Strecke (Höhe, Breite usw.) des Gegenstandes zusammen, deren Verhältnis man nun festzustellen sucht (zahlenmäßig oder schätzungsweise).

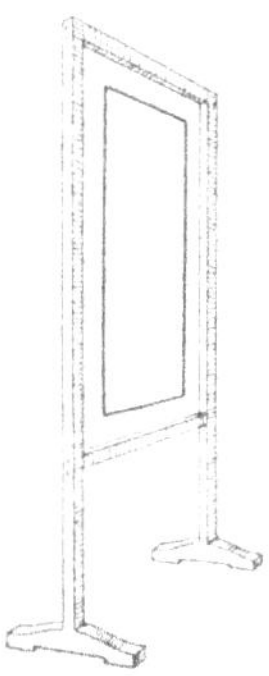

Fig. 443a.

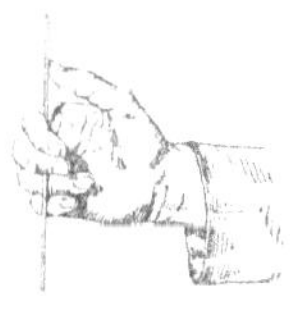

Fig. 443b.

2. Die zweite elementare Erscheinung, die übrigens eng mit der ersten zusammenhängt, ist die der scheinbaren Richtungsveränderung wagerechter (horizontaler) Linien und Ebenen, während diese

bei senkrechten nicht zu beobachten ist[1]). Man kann sich leicht durch Beobachtung davon überzeugen, daß wagerechte Linien, die über der Höhe unserer Augen (sog. Augenhöhe) liegen (etwa die oberen Zimmer-, Saal-, Korridorkanten), abwärts, diejenigen, die unter Augenhöhe liegen (Eisenbahnschienen, Fußbodenkanten), aufwärts zu verlaufen und außerdem nach einem Punkte zu streben oder in ihm zu verschwinden scheinen (Verschwinde- oder Fluchtpunkt[2])).

Eine wagerechte Linie oder Ebene dagegen, die gerade in der Höhe unserer Augen liegt (stelle eine solche Lage her!), zeigt kein Fallen oder Steigen. Sie liegt also gewissermaßen auf der Grenzlinie oder auch der Maßlinie, nach der wir das Aufwärts- oder Abwärtsverlaufen bemessen können.

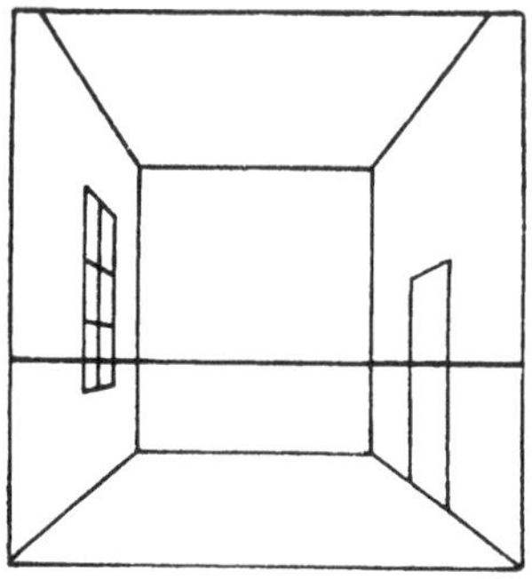

Fig. 444.

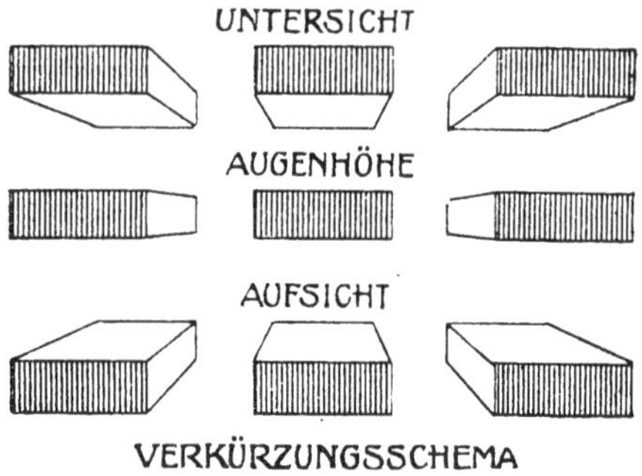

Fig. 445.

Die in unserer Augenhöhe liegende (liegend denkbare) Linie bzw. Ebene nennt man den perspektivischen Horizont.

In diesem Zusammenhange seien noch zwei Begriffe erwähnt, die für die Aufstellung von Gegenständen in Betracht kommen. Untersicht bietet ein Körper, der über, Aufsicht ein solcher, der unter dem Horizont steht, und zwar werden wir beobachten, daß die Aufsicht desto größer ist, je tiefer der betreffende Gegenstand unter Augenhöhe steht, die Untersicht dementsprechend dann um so größer ist, wenn der Gegenstand sehr hoch über Augenhöhe steht.

Außerdem kann ein Körper rechts- oder linksseitliche Ansicht bieten. (Halte ein Buch, einen Federkasten in den verschiedenen Lagen!)

[1]) Wenigstens in der Praxis nicht, wohl in der Theorie.

[2]) Ein besonderer Fluchtpunkt ist der Haupt- oder Augenpunkt, in dem unser Blick senkrecht das Bild trifft und sich alle unsrer Blickrichtung parallelen Linien zu vereinigen scheinen.

3. Die dritte elementare Erscheinung, die bei der plastischen Darstellung von Körpern zu beachten, ja zu beobachten unerläßlich ist, ist die Licht- und Schattenerscheinung. Es empfiehlt sich, diese Beobachtungen bei hellem Sonnenscheine oder bei recht konzentriertem Lichte (wenn im Raume) zu machen.

Fürs erste genüge uns die Feststellung, daß jeder undurchsichtige Körper durch das ihn streifende Licht in eine beleuchtete, die Lichthälfte, und eine unbeleuchtete, die Schattenhälfte, geteilt wird. Dieser Schatten am Körper selbst heißt Körper-, oder Eigen-,

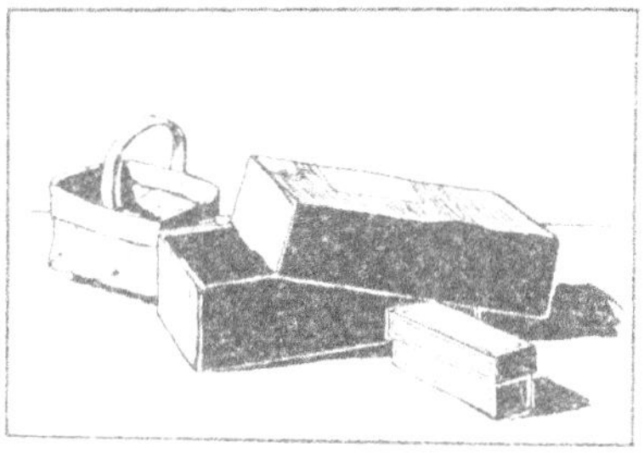

Fig. 446.

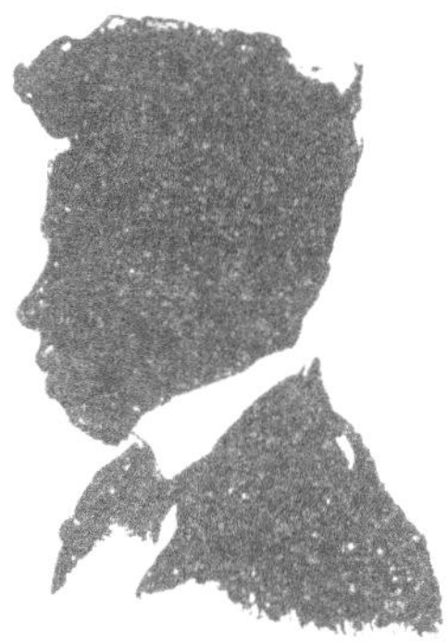

Fig. 447.

oder Wendeschatten; die Kanten (Linien), die denselben begrenzen, Wendeschattenkanten (Linien). Andrerseits wird in den meisten Fällen auch ein Schatten zu beobachten sein, der von dem Körper geworfen wird; dies ist der Schlagschatten.

Die Silhouette ist beispielsweise eine bekannte Form des Schlagschattens.

Man versuche die Stärke (Tiefe) der beiden genannten Schatten zu beobachten und miteinander zu vergleichen, und überzeuge sich vom Zusammenhange der Schattenform mit der Körperform. (Fig. 446.) Bei der Beobachtung, wie auch der Darstellung, hüte man sich vor einem Sichverlieren in Zufälligkeiten oder Einzelheiten.

B. Die Anwendung der ersten Beobachtungen.

Die erste Aufgabengruppe.

1. Die Veranschaulichung und Beobachtung muß möglichst Hand in Hand gehen mit Darstellungsversuchen des Erfaßten (Linienumlauf usw.) und Geschauten, seien sie auch anfangs unbeholfen (namentlich

technisch). Die richtige Auswahl des Übungsstoffes ist sodann für den Erfolg der Arbeit von besonderem Werte. „Vom Leichten zum Schweren, vom Einfachen zum Zusammengesetzten" ist die bekannte Losung.

Den Stoff der ersten Übungsgruppe werden also am besten Körper bilden, die einfache, ebene Begrenzungsflächen, geradlinige Kanten zeigen. Sie lassen in kleinerem Maßstab die im großen gemachten Beobachtungen wiederholen. Wir werden ausgesprochen farbige (bunte) Gegenstände zunächst eher vermeiden als aufsuchen, da sie mehr zu malerischer als zeichnerischer Behandlung reizen.

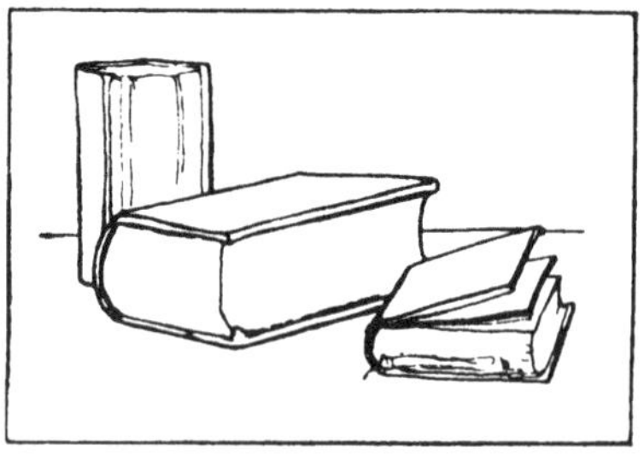

Fig. 448.

Da gibt es einfache Pappkartons in den verschiedensten Formaten (würfelförmige, lange, schmale usw.), Zigarrenkistchen, Federkästen, Bücher mit einfachen Einbänden (am besten Schweinsleder). Diese Modelle haben den Vorzug, stets zur Hand zu sein.

Was die Aufstellung der ersten Aufgaben betrifft, so ist offenbar diejenige die günstigste, bei der sowohl die perspektivischen, wie auch die Licht- und Schattenerscheinungen gut zum Ausdrucke kommen, d. h.

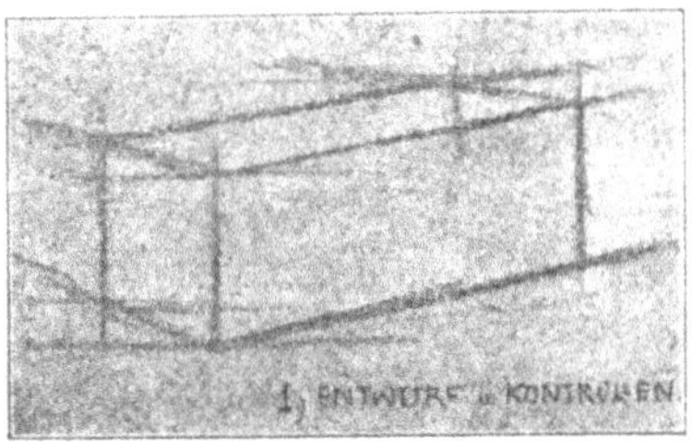

Fig. 449.

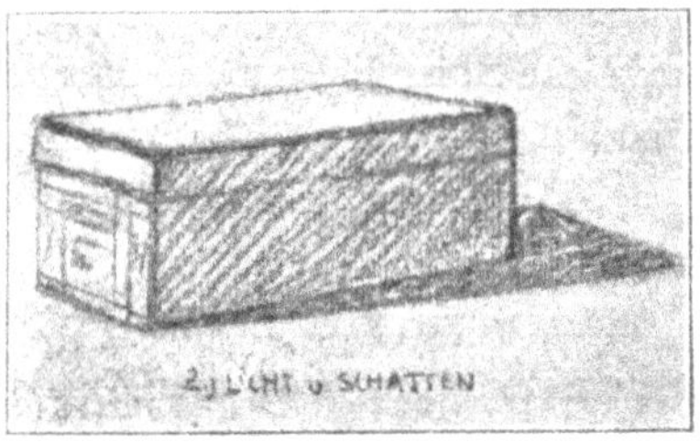

Fig. 450.

etwa eine leicht gedrehte Übereckstellung[1]); das Licht falle aus einer Quelle (einem Fenster, Beleuchtungskörper) am besten von links (oben).

Man achte beim Wechsel der Aufgaben darauf, daß man bald größere, bald geringere Aufsicht, oder auch Untersicht, bald links- oder rechtsseitliche Ansicht wähle, um die verschiedenen perspektivischen Möglich-

[1]) Das Beginnen mit Frontalstellung ist mehr wissenschaftlich als praktisch zu rechtfertigen und kommt an späterer Stelle (Innenräume) in Betracht.

keiten zu üben (Fig. 445). Von Wichtigkeit ist, namentlich anfangs, das Aufstellen eines einfachen, ruhigen Hintergrundes (Pappe, Papier, Stoff).

Der Zeichner wähle einen Standpunkt, von dem aus er die Aufgabe mit einem Blicke, ohne sich bewegen zu müssen, übersehen kann (2—3-mal die größte Ausdehnung des Gegenstandes), und behalte die einmal gewählte (Blick-) Richtung bei.

2. Das Zeichenmaterial. Wenn der Zeichner allmählich auch mit möglichst jedem Material und jeder Technik vertraut werden will, so ist anfangs, wo der Hauptwert auf das Sehenlernen gelegt werden muß, bei Material und Technik Beschränkung zu empfehlen. Zeichenkohle (ziemlich weich), grobes einfaches Papier (sog. graues oder braunes Packpapier), weicher Gummi oder Lederläppchen, dann weiter ein etwas weicher Bleistift und hellgetöntes oder weißes, ziemlich feinkörniges Zeichenpapier sind ausreichend.

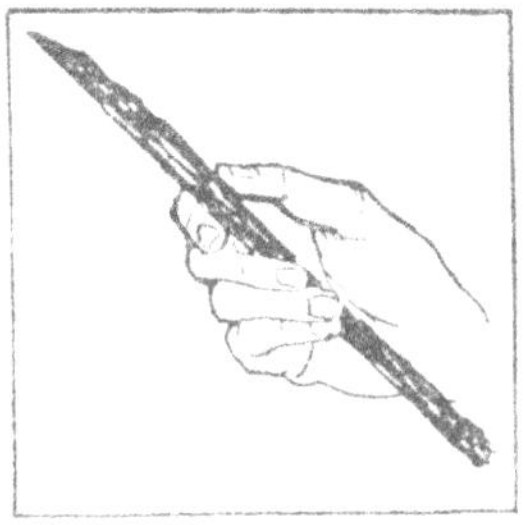

Fig. 451.

Reißkohle läßt leichte Verbesserung, großzügige, das Wesentliche wiedergebende Behandlung zu; Bleistift ist ein Material, mit dessen Umgang man seiner Bequemlichkeit und Handlichkeit wegen nicht vertraut genug werden kann. Ein mittelharter weißer Kreidestift wird für das Aufsetzen des Lichts nötig sein. Hintergrund und Zeichenpapier wähle man anfangs gleich.

3. Der Gang des Zeichnens (das Arbeiten). Im weiteren wollen wir nun versuchen, einen Weg anzugeben, den wir ein für allemal, nicht nur für diese erste Übungsgruppe, sondern für das Zeichnen überhaupt empfehlen möchten. Es ist der Weg von der großen Form zur kleinen Form, von der Gesamterscheinung zur Einzelerscheinung.

Die Aufgabe sei ein einfacher grauer oder brauner Pappkarton oder Holzkasten oder ein Buch in Übereckstellung (Fig. 450).

1. Betrachte und beobachte die Lage der a) äußersten, b) der überhaupt sichtbaren Kanten und Ecken des Kastens zueinander, die Gesamthöhe und Gesamtlänge, die höchsten und tiefsten Punkte aufmerksam.

   Gib dir darüber Rechenschaft, ob und wie stark die Kanten, die nicht senkrecht erscheinen, von der wagerechten Richtung abweichen.

2. Zeichne nun mit leichtem Striche (s. Haltung der Kohle Fig. 451) den gewonnenen Eindruck, den Entwurf, im sog. „großen Zuschnitt".
3. Kontrolle und Korrektur des Gezeichneten übe aus:
   a) Durch Zurückstellen der Zeichnung neben das Modell (oder durch Zurücktreten von der Arbeit).

      Beachte insbesondere die Aufsicht und verkleinere die Zeichnung nicht durch die Korrektur zu sehr.
   b) Durch Visieren (zur Feststellung der Maßverhältnisse) und Anlegen von Lot und Wagerechten (zur Feststellung der Neigungswinkel der Kanten) durch die einzelnen Eckpunkte.

      Messe zunächst die Gesamtausdehnungen (Höhe, Breite) des Körpers, dann die einzelnen Kantenlängen und Flächenbreiten nach.

      Beachte, daß beim Anlegen von Lot oder Wage durch die Eckpunkte Abschnittsfiguren (Dreiecke) am Körper entstehen, die zur Kontrolle dienen können.
   c) Ist die Zeichnung richtig, so zeigen die in Wirklichkeit parallelen Kanten (deute auch die unsichtbaren leicht zur Probe an) das Bestreben, sich zu vereinigen. Versuche das Auge in den Verschwindepunkt zu bringen. (Das Zeichenblatt muß gedreht werden.)
   d) Zeichne nun erst die charakteristischen Einzelheiten des Modells (Stärke des Materials, Buchdeckels, Kastendeckels usw.) ein und gib die Form des Wende- und Schlagschattens mit klaren Strichen an, den Schattenton (schraffierend) anlegend.
4. Jetzt kann unter stetem Vergleiche mit den Modellen das weitere Durcharbeiten, das „Ausführen" der Arbeit vorgenommen werden. Es ist zu empfehlen, und wir erörtern das absichtlich jetzt ausführlicher, ähnliche Motive wie die erwähnten anfangs unverdrossen in den verschiedensten Stellungen (liegend, hoch und niedrig stehend, geöffnet, von links, von rechts) zu zeichnen und jedesmal etwas mehr zu beobachten und wiederzugeben. Bei diesen weiteren Übungen soll vor allem der Bleistift und das Tonpapier verwendet werden. Der „Ton" soll sich durch Schraffierung (engere oder weitere) und mehr oder weniger Druck, zunächst nicht durch Wischen bilden. Man versuche auch bald den Hintergrund bei der Beobachtung von Licht und Schatten und das

Material (helleres oder dunkleres Holz, Karton) in Betracht zu ziehen. Die weiße Kreide verwende man sparsam und gehe von den auffallendsten Lichterscheinungen aus.

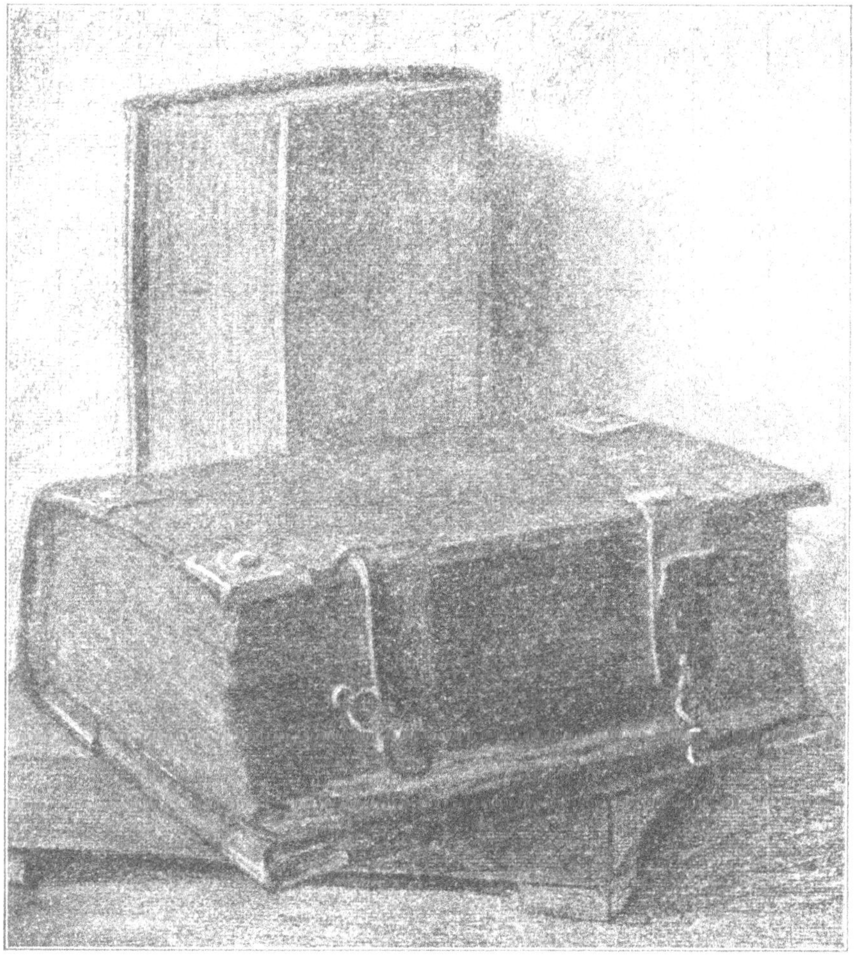

Fig. 452.

Als Abschluß dieser Übungen kämen kleine Gruppierungen der erwähnten und ähnlicher Gegenstände in Betracht, wobei auf geschickte einfache Aufstellung, wie auf überlegte Anordnung (Raumverteilung) auf dem Zeichenblatte geachtet werden möge. Siehe Fig. 446, 448 und 452.

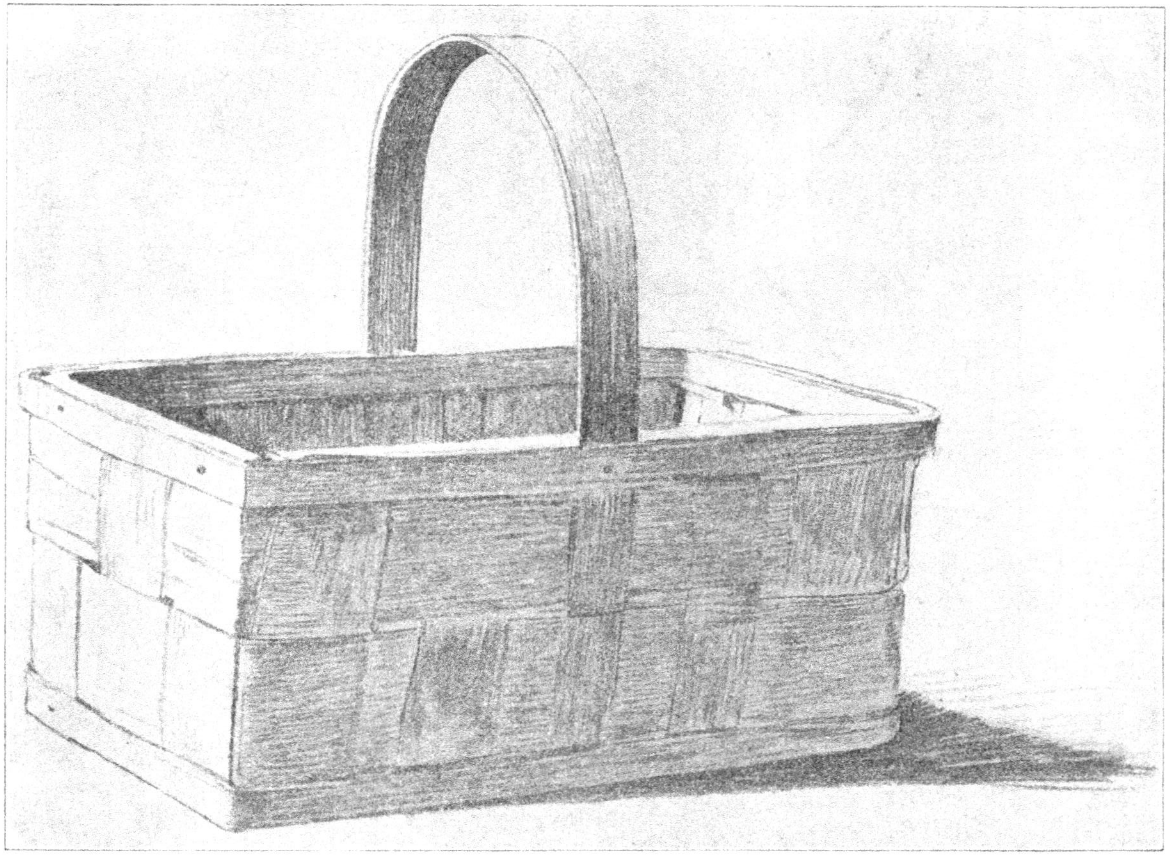

Fig. 453.

II. Weitere Beobachtungen und weitere Aufgaben.

A. Allgemeines über Drehkörper.

Wir wenden uns nun einer Gruppe von Gegenständen zu, die außer den oben behandelten noch besondere Beobachtungen erheischen. Wir fassen diese Gruppe unter dem Namen „Drehkörper" zusammen. Der Name deutet die Art der Entstehung dieser Körper durch Drehung (ursprünglich auf einer Drehscheibe) um eine senkrechte sog. Drehachse an.

So entstehen beispielsweise die einfachsten Drehkörper:

a) die zylindrischen durch Drehung einer senkrechten Geraden,

b) die kegelförmigen durch Drehung einer schrägen,

c) die kugelförmigen durch Drehung einer halbkreisförmigen Linie um eine senkrechte Achse.

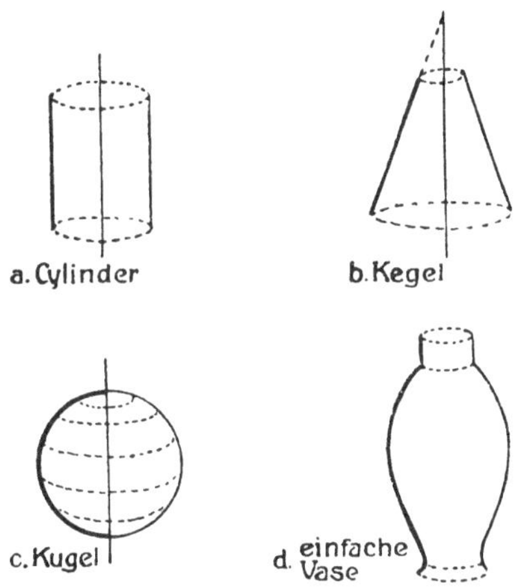

Fig. 454 u. 455.

Die Oberfläche bzw. Grundfläche sind dementsprechend Kreise.

Denkt man sich irgend eine gebrochene, gemischte Linie, eine Kurve usw. um eine Achse sich bewegen, so entstehen die verschiedenartigsten Drehkörper, wie wir sie in den tausendfachen Formen von Vasen, Gefäßen, Gläsern usw. sehen, die die verschiedenen Perioden der Zeit hervorgebracht haben.

Durch Ansatz von Henkel und Ausguß wird oft die an sich regelmäßige Form dieser Körper, die uns von jeder Seite die gleiche Ansicht bieten, verändert.

Die sog. geometrische (unverkürzte Profil-) Ansicht zeigt uns immer die Erzeugungslinie des Körpers.

1. Die Verkürzung der kreisförmigen Ober- und Grundflächen. Hauptfehler. Nach diesen allgemeinen Feststellungen gilt unser Hauptaugenmerk den besonderen perspektivischen Erscheinungen dieser Gruppe. Am klarsten werden wir diese zunächst an ihren einfachsten Vertretern, Blumentopf, runder (Span-) Schachtel, Eimer u. a., wahrnehmen.

Die hier alles beherrschende Erscheinung ist die der Verkürzung des Kreises zur Ellipse[1]). Auf die ersten Beobachtungen (s. oben) zurückgreifend, veranschaulichen wir uns noch einmal, daß die Breite der Ellipse (kleine Achse), als die uns Oberfläche oder Grundfläche erscheint, um so mehr abnimmt, je mehr sie in Augenhöhe liegen, und desto größer wird, je höher oder tiefer sie liegen. (Man stelle bei liegenden Gefäßen ähnliche Versuche mit Verschiebung nach rechts und links, von dem Beobachter aus, an.)

So wird z. B. im allgemeinen bei einem etwa auf dem Tische stehenden Gefäße die Öffnung als eine schmalere, darum auch weniger stark gekrümmte Ellipse erscheinen, als die der Grundfläche; während es vielfach umgekehrt gezeichnet wird.

Sodann ist aber darauf hinzuweisen, daß erfahrungsgemäß die Ellipsenform im Zusammenhange dieser Körpergruppe die verschiedensten Mißbildungen erfährt.

Da erscheint die linsenförmige Ellipse, die ihre seitlichen Berührungs- und Begrenzungslinien schneiden,

oder die breitgedrückte, an den seitlichen Berührungslinien anliegende Ellipse,

oder endlich die eingezogene (bohnenförmige) Ellipse (namentlich an den Füßen der Gläser).

Die richtig gezeichnete Ellipse darf gleich dem Kreise die Berührungslinie nicht schneiden, nur in einem Punkte berühren und muß eine völlig gleichmäßige, je nach oben und unten, wie nach rechts und links gekrümmte Kurve sein (vierfach symmetrisch). Siehe Fig. 457, viertes Beispiel.

2. Die Licht- und Schattenerscheinungen sind bei dieser Gruppe besonderer Beachtung wert und in besonderer Weise abhängig a) von der Form des Gegenstandes, b) von dem Material.

a) Während bei den ebenflächigen Körpern die Wende- (Eigen-) schatten klar und durch die Kanten bis zu gewissem Grade hart erscheinen, zeigen diese Schatten am Drehkörper weichere Formen, Vermittlungstöne, sog. Halbtöne (Halbschatten), die den Übergang vom tiefsten Schatten (Kernschatten) bis zum hellsten Licht (Glanzlicht) herstellen. Immerhin wird man auch hier un-

[1]) Wissenschaftlich ist die Ellipse hier zu erörtern nicht nötig. Die Verwandtschaft mit dem Kreis, die zwei sich senkrecht in der Mitte schneidende Achsen, dort von gleicher, hier verschiedener Länge, Regelmäßigkeit der Krümmung, genügt hier festzustellen.

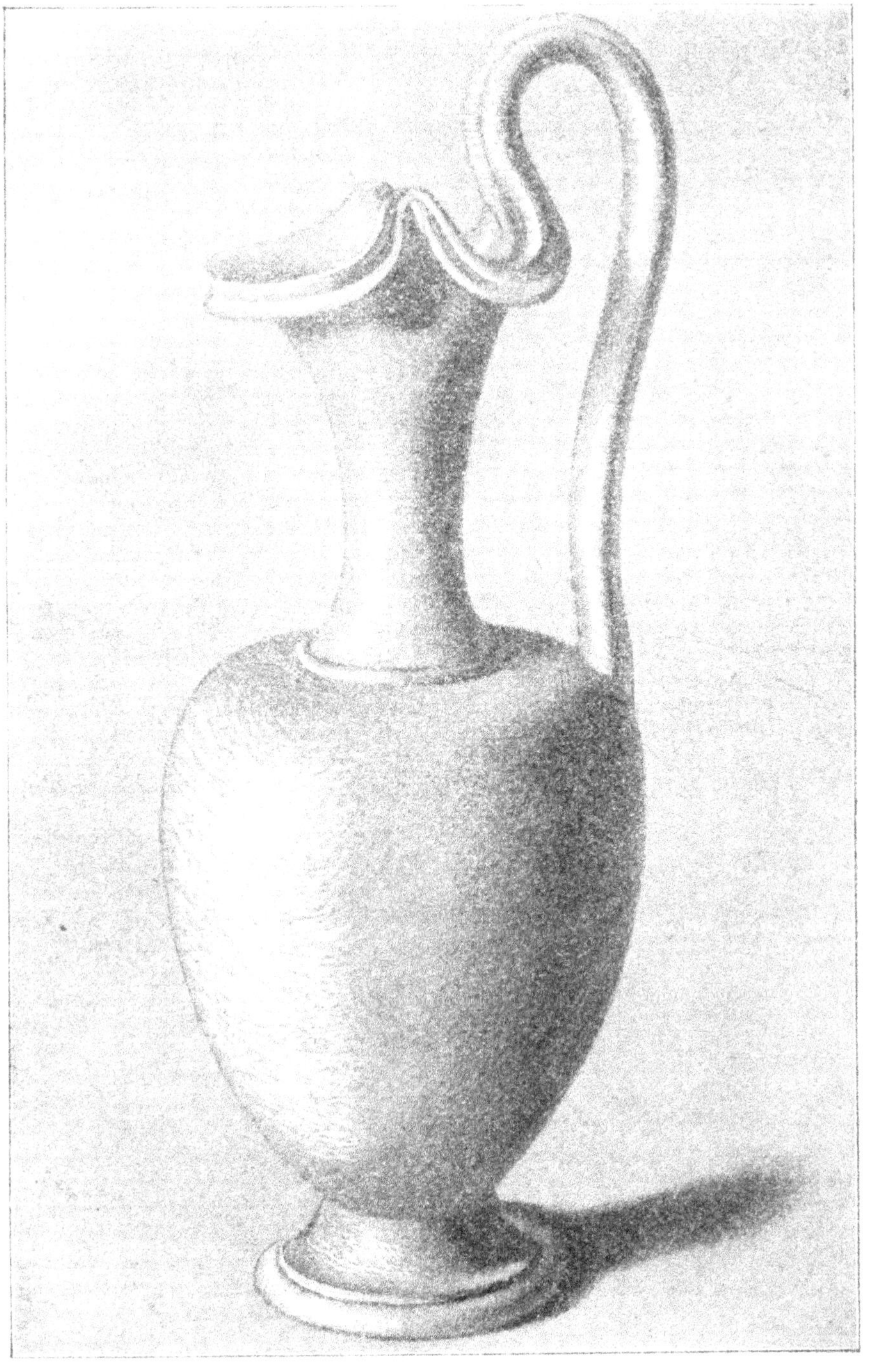

Fig. 456.

bedingt die Form der Wendeschatten, die den betreffenden Körper, vom Lichte gestreift, in die Licht- und Schattenhälfte teilt, klar und bestimmt aufzusuchen und wiederzugeben haben, ehe man die weitere Tonabstufung (Halbtöne) vornimmt. Hierbei kann die stete praktische Beobachtung durch die wissenschaftliche Überlegung unterstützt werden, daß eine senkrecht vom Licht getroffene Fläche stärker beleuchtet wird, als eine ihm unter flacherem Winkel zugewendete oder nur von ihm gestreifte.

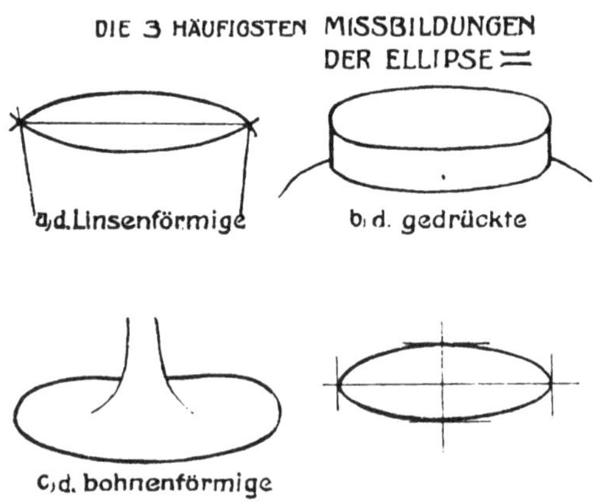

Fig. 457.

b) Andererseits erfahren, wovon wir uns an entsprechenden Gefäßen überzeugen können, diese Allgemeinbeobachtungen mannigfache Abweichungen je nach der Materialbeschaffenheit.

Man vergleiche einfache irdene oder aus Biskuitmasse hergestellte Gefäße, Holzschachteln, Pappschachteln mit glasierten Vasen, metallenen Gefäßen (Zinn, Kupfer) oder mit Glasgefäßen.

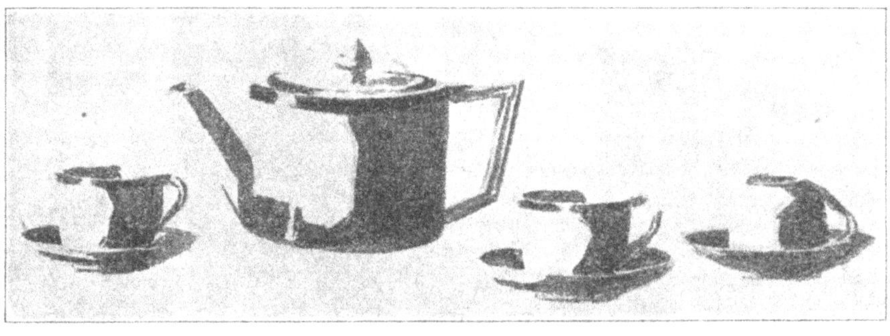

Fig. 458.

Es läßt sich da in kurzem kaum die besondere Eigentümlichkeit jedes der genannten Körper nennen, sei es etwa mehr oder weniger starke Spiegelung, matter Glanz, oder bei durchsichtigen Formen das Inbetrachtkommen des Hintergrundes.

c) Nur auf das Reflexlicht (den Reflex) sei hier als auf eine gewisse zeichnerische Feinheit, wie auch Gefahr hingewiesen.

Die Gefahr der Übertreibung des Reflexes ist eine große und allbekannte.

Reflexe entstehen, wie der Name sagt, durch Rückstrahlung beleuchteter Gegenstände auf das Modell. Daraus erhellt, daß sie gegenüber dem positiven Lichte oder Schatten scheinbar untergeordnete und relative Werte haben. Aber nur scheinbar! Die Reflexe bringen Modulation in die Teile der Körper, die für das direkte Licht nicht erreichbar sind!

B. Die Anwendung des Beobachteten.

Die zweite Aufgabengruppe.

1. Stoffverteilung und Aufstellung. Den Stoff der zweiten Gruppe werden wir uns wiederum in der Weise einteilen, daß wir die einfacheren, annähernd zylindrischen kegel- und kugelförmigen Formen,

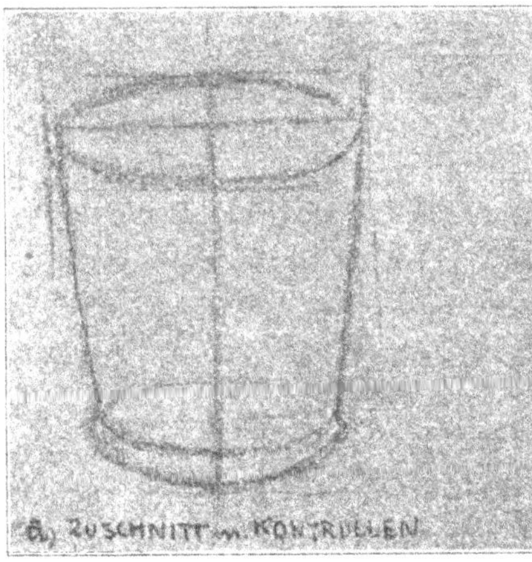

Fig. 459.

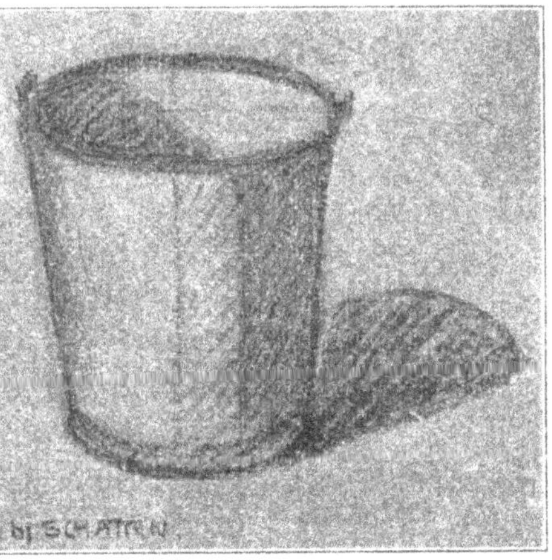

Fig. 460.

die unsere Allgemeinbeobachtung über Licht und Schatten klar zeigen, voranstellen. Es kämen dabei in Betracht: einfache runde oder ovale Schachteln (Hut-, Bonbonschachteln) aus Holz, Pappe usw., Blumentöpfe und andere irdene Gefäße, Eimer, einfache Becken, Schalen, Ball, Kugel. Außer in aufrechter Stellung verwende man sie auch umgewandt oder liegend.

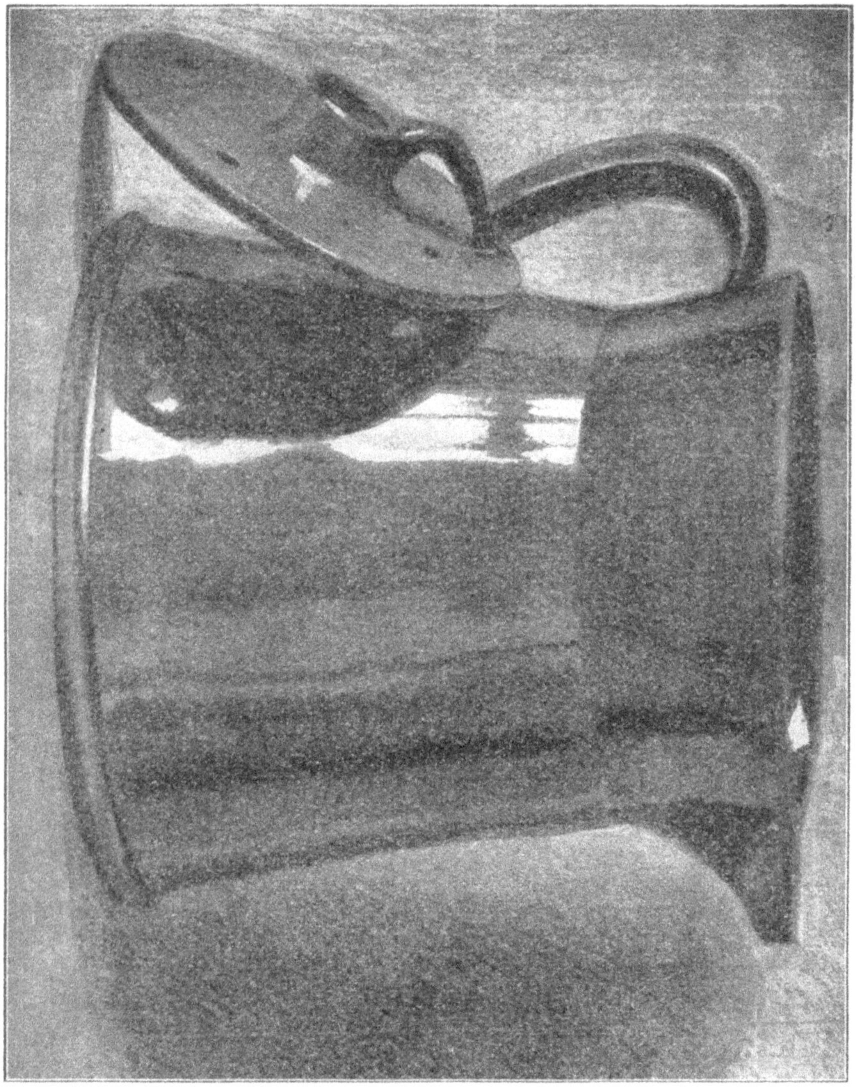

Fig. 461.

Des weiteren wenden wir uns glasierten oder Glaskörpern, metallischen Gefäßen aller Art zu, zunächst ohne, später mit einfachen und geschmackvollen Henkeln und Ausgüssen. Auch in der Auswahl der günstigen Modelle soll sich schon der geübte und gebildete Blick des Zeichners kundtun.

Nach dem Studium der Einzelform (des einzelnen Gefäßes, wie auch der Teile Henkel, Ausguß, Rand) stelle man sich Gruppen auf.

Für die Aufstellung gilt wieder die Forderung: gutes, konzentriertes Licht und ein dem Papierton entsprechender Hintergrund.

2. Der Gang der Zeichnung (siehe oben!). Da wir den Weg, den wir im allgemeinen einschlagen wollen, schon ausführlich angegeben haben, können wir uns kurz fassen. Ein Eimer oder Blumentopf sei das Modell (s. Fig. 459 und 460).

a) Beobachtung.
b) Leichter Entwurf mit Einzeichnen der Mittelachse.
c) Kontrolle und Korrektur. Gesamthöhe — Gesamtbreite. Breite und Krümmung der Ellipsen (Oberfläche — Boden).
d) Angabe der Wendeschatten- und Schlagschattenform des Lichts.
e) Zeichnen der Halbtöne, ev. der Reflexe.

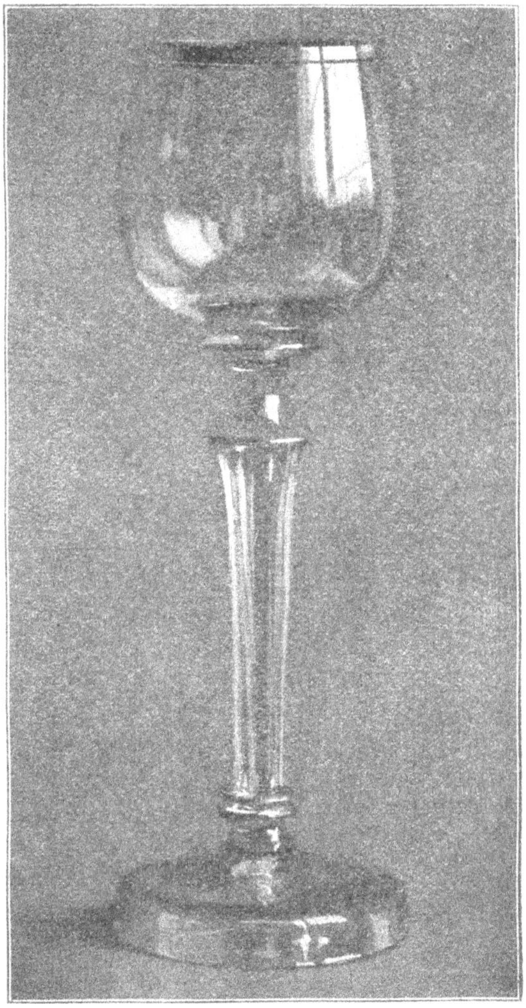

Fig. 462.

3. Besondere Bemerkungen.

a) Bei den ersten Übungen lasse man die Wendeschatten- und Schlagschattenformen einmal unvermittelt (durch Halbtöne) stehen, gebe sie mit Kohle oder Tusche und Pinsel scharf an (ähnlich modernem Buchschmuck).

b) Bei der Kugel (Ball) gib die Form des Lichtfleckes (Glanzlicht) bestimmt an und beachte die elliptische Wendeschattenlinie, sowie den Reflex im Schatten.

c) Bei den Vasen ist nach dem Zeichnen der Zuschnittform auf genaue Wiedergabe der Umrißlinie (durch Sehnen kontrollierbar) zu achten. Die Form der Glanzlichte ist beachtenswert.

d) Durchsichtige Gefäße (Gläser usw.) zeichnen sich durch vielfache Spiegelung, scharfe Glanzlichter (auch an den Rändern) und das Mitsprechen des Hintergrundes aus.

III. Die dritte Übungsgruppe.

(Gebrauchsformen, Geräte, Früchte und Pflanzenteile.)

1. Allgemeines. Diese Aufgabengruppe soll uns, nachdem unser Auge an den einfacheren, durch gewisse Regelmäßigkeit der Form und Erscheinungen sich auszeichnenden Dingen geschult worden ist, einführen in das Beobachten und Wiedergeben freierer Formen unserer Umgebung und der Natur.

Es werden darum auch noch andere Gesichtspunkte maßgebend sein.

a) Der Zweck und die Zweckmäßigkeit einerseits wird vielfach — man denke an die alltäglichen Gebrauchsgegenstände, Werkzeuge, Geräte — ein genaueres Studium vor und bei dem Zeichnen verlangen.

b) Der organische Zusammenhang (Sein und Werden) wird andererseits bei den eigentlichen Naturformen, etwa Früchten, Blüten, Pflanzenzweigen, unser lebhaftes Interesse beanspruchen.

Die Form einer Axt, eines Messers, gerade auch im Blick auf Verbindung verschiedener Stoffe (Holz und Eisen usw.), eines Löffels, Hufeisens, um nur einige Beispiele zu nennen, bedarf ebensogut genauer Betrachtung, wie der Stielansatz einer Frucht (Apfel, Kirsche, Beere) oder der Überfall eines Blattes, die Bildung einer Knospe. Ja, es bietet sich dem aufmerksamen Zeichner hierbei eine nie versiegende Quelle der Freude und Anregung.

Die perspektivisch-zeichnerischen Erscheinungen werden sich bei diesen bald mehr ebenflächigen, bald rundlicheren Formen immer in Be-

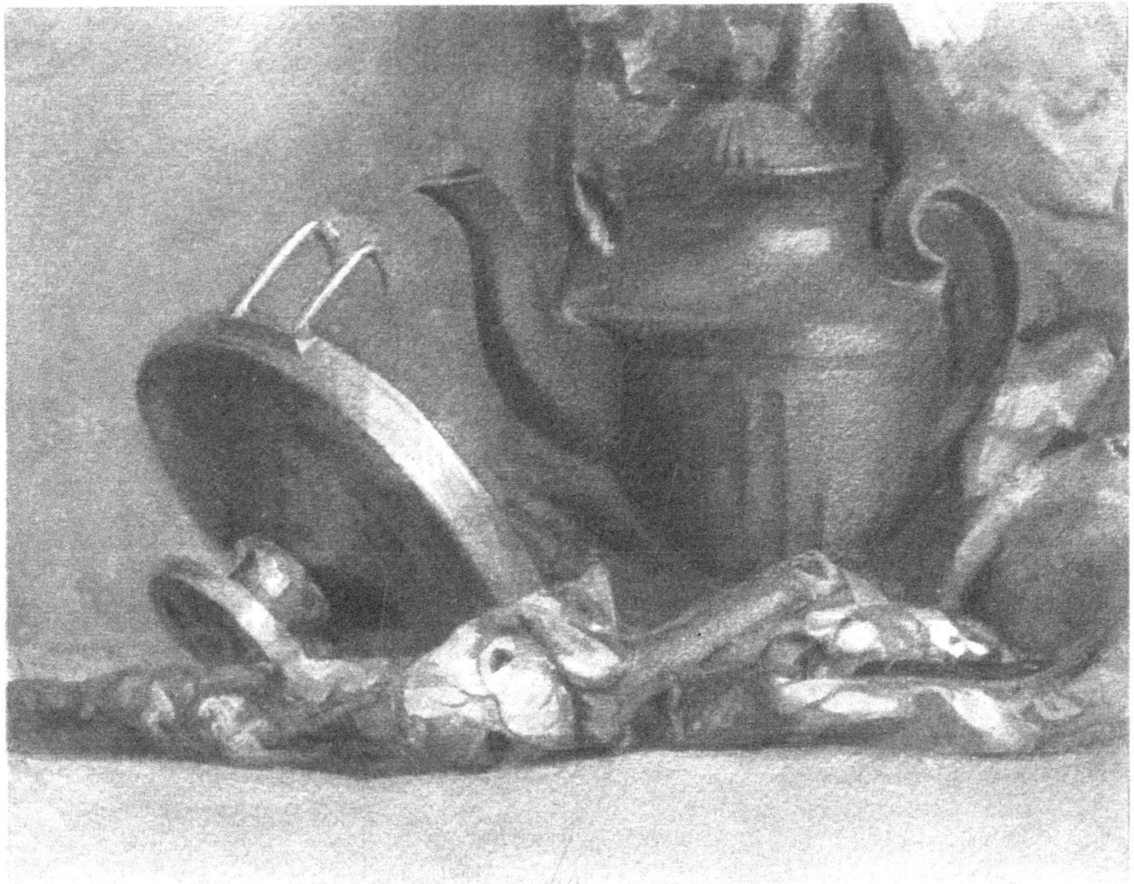

E. Wirth: Stilleben nach der Natur in Aquarell.

www.ingramcontent.com/pod-product-compliance
Lightning Source LLC
LaVergne TN
LVHW080756300926
849162LV00008BA/1831